效率手册

Efficiency Manual

个人资料 Personal data

Name 姓名： _____

Mobile phone 手机： _____

E-mail 邮箱： _____

Company name 公司名称： _____

Company address 公司地址： _____

新的一年

我在 ＿＿＿＿＿＿＿＿＿＿＿＿＿＿＿＿＿＿＿＿

希望我的 2024 是

＿＿＿＿＿＿＿＿＿＿＿＿＿＿＿＿＿＿＿＿

＿＿＿＿＿＿＿＿＿＿＿＿＿＿＿＿＿＿＿＿

季节更替，
应时而食。

2024 年度愿望

当你用认真有趣的态度对待生活里那些看似无趣的小事时，就会收获一份份小小而确定的幸福，从而觉得生活美好无比。

—— 村上春树

2024 年度愿望清单

职场·人际

- [ ]
- [ ]
- [ ]
- [ ]
- [ ]
- [ ]

认知·提升

- [ ]
- [ ]
- [ ]
- [ ]
- [ ]
- [ ]

生活·管理

- [ ]
- [ ]
- [ ]
- [ ]
- [ ]
- [ ]

旅游·休闲

- [ ]
- [ ]
- [ ]
- [ ]
- [ ]
- [ ]

2024 甲辰年

1月 JANUARY

一	二	三	四	五	六	日
1 元旦	2 廿一	3 廿二	4 廿三	5 廿四	6 小寒	7 廿六
8 廿七	9 廿八	10 廿九	11 腊月	12 初二	13 初三	14 初四
15 初五	16 初六	17 初七	18 腊八节	19 初九	20 大寒	21 十一
22 十二	23 十三	24 十四	25 十五	26 十六	27 十七	28 十八
29 十九	30 二十	31 廿一				

2月 FEBRUARY

一	二	三	四	五	六	日
			1 廿二	2 廿三	3 廿四	4 立春
5 廿六	6 廿七	7 廿八	8 廿九	9 除夕	10 春节	11 初二
12 初三	13 初四	14 初五	15 初六	16 初七	17 初八	18 初九
19 雨水	20 十一	21 十二	22 十三	23 十四	24 元宵节	25 十六
26 十七	27 十八	28 十九	29 二十			

3月 MARCH

一	二	三	四	五	六	日
				1 廿一	2 廿二	3 廿三
4 廿四	5 惊蛰	6 廿六	7 廿七	8 妇女节	9 廿九	10 二月
11 初二	12 植树节	13 初四	14 初五	15 初六	16 初七	17 初八
18 初九	19 初十	20 春分	21 十二	22 十三	23 十四	24 十五
25 十六	26 十七	27 十八	28 十九	29 二十	30 廿一	31 廿二

4月 APRIL

一	二	三	四	五	六	日
1 廿三	2 廿四	3 廿五	4 清明	5 廿七	6 廿八	7 廿九
8 三十	9 三月	10 初二	11 初三	12 初四	13 初五	14 初六
15 初七	16 初八	17 初九	18 初十	19 谷雨	20 十二	21 十三
22 十四	23 十五	24 十六	25 十七	26 十八	27 十九	28 二十
29 廿一	30 廿二					

5月 MAY

一	二	三	四	五	六	日
		1 劳动节	2 廿四	3 廿五	4 青年节	5 立夏
6 廿八	7 廿九	8 四月	9 初二	10 初三	11 初四	12 母亲节
13 初六	14 初七	15 初八	16 初九	17 初十	18 十一	19 十二
20 小满	21 十四	22 十五	23 十六	24 十七	25 十八	26 十九
27 二十	28 廿一	29 廿二	30 廿三	31 廿四		

6月 JUNE

一	二	三	四	五	六	日
					1 儿童节	2 廿六
3 廿七	4 廿八	5 芒种	6 五月	7 初二	8 初三	9 初四
10 端午节	11 初六	12 初七	13 初八	14 初九	15 初十	16 父亲节
17 十二	18 十三	19 十四	20 十五	21 夏至	22 十七	23 十八
24 十九	25 二十	26 廿一	27 廿二	28 廿三	29 廿四	30 廿五

7月 JULY

一	二	三	四	五	六	日
1 建党节	2 廿七	3 廿八	4 廿九	5 三十	6 小暑	7 初二
8 初三	9 初四	10 初五	11 初六	12 初七	13 初八	14 初九
15 初十	16 十一	17 十二	18 十三	19 十四	20 十五	21 十六
22 大暑	23 十八	24 十九	25 二十	26 廿一	27 廿二	28 廿三
29 廿四	30 廿五	31 廿六				

8月 AUGUST

一	二	三	四	五	六	日
			1 建军节	2 廿八	3 廿九	4 七月
5 初二	6 初三	7 立秋	8 初五	9 初六	10 七夕节	11 初八
12 初九	13 初十	14 十一	15 十二	16 十三	17 十四	18 十五
19 十六	20 十七	21 十八	22 处暑	23 二十	24 廿一	25 廿二
26 廿三	27 廿四	28 廿五	29 廿六	30 廿七	31 廿八	

9月 SEPTEMBER

一	二	三	四	五	六	日
						1 廿九
2 三十	3 八月	4 初二	5 初三	6 初四	7 白露	8 初六
9 初七	10 教师节	11 初九	12 初十	13 十一	14 十二	15 十三
16 十四	17 中秋节	18 十六	19 十七	20 十八	21 十九	22 秋分
23 廿一	24 廿二	25 廿三	26 廿四	27 廿五	28 廿六	29 廿七
30 廿八						

10月 OCTOBER

一	二	三	四	五	六	日
1 国庆节	2 三十	3 九月	4 初二	5 初三	6 初四
7 初五	8 寒露	9 初七	10 初八	11 重阳节	12 初十	13 十一
14 十二	15 十三	16 十四	17 十五	18 十六	19 十七	20 十八
21 十九	22 二十	23 霜降	24 廿二	25 廿三	26 廿四	27 廿五
28 廿六	29 廿七	30 廿八	31 廿九			

11月 NOVEMBER

一	二	三	四	五	六	日
				1 十月	2 初二	3 初三
4 初四	5 初五	6 初六	7 立冬	8 初八	9 初九	10 初十
11 十一	12 十二	13 十三	14 十四	15 十五	16 十六	17 十七
18 十八	19 十九	20 二十	21 廿一	22 小雪	23 廿三	24 廿四
25 廿五	26 廿六	27 廿七	28 廿八	29 廿九	30 三十	

12月 DECEMBER

一	二	三	四	五	六	日
						1 十一月
2 初二	3 初三	4 初四	5 初五	6 大雪	7 初七	8 初八
9 初九	10 初十	11 十一	12 十二	13 十三	14 十四	15 十五
16 十六	17 十七	18 十八	19 十九	20 二十	21 冬至	22 廿二
23 廿三	24 廿四	25 廿五	26 廿六	27 廿七	28 廿八	29 廿九
30 三十	31 腊月					

2025 乙巳年

1月　JANUARY

一	二	三	四	五	六	日
			1 元旦	2 初三	3 初四	4 初五	5 小寒
6 初七	7 腊八节	8 初九	9 初十	10 十一	11 十二	12 十三
13 十四	14 十五	15 十六	16 十七	17 十八	18 十九	19 二十
20 大寒	21 廿二	22 廿三	23 廿四	24 廿五	25 廿六	26 廿七
27 廿八	28 除夕	29 春节	30 初二	31 初三		

2月　FEBRUARY

一	二	三	四	五	六	日
					1 初四	2 初五
3 立春	4 初七	5 初八	6 初九	7 初十	8 十一	9 十二
10 十三	11 十四	12 元宵节	13 十六	14 十七	15 十八	16 十九
17 二十	18 雨水	19 廿二	20 廿三	21 廿四	22 廿五	23 廿六
24 廿七	25 廿八	26 廿九	27 三十	28 二月		

3月　MARCH

一	二	三	四	五	六	日
					1 初二	2 初三
3 初四	4 初五	5 惊蛰	6 初七	7 初八	8 妇女节	9 初十
10 十一	11 十二	12 植树节	13 十四	14 十五	15 十六	16 十七
17 十八	18 十九	19 二十	20 春分	21 廿二	22 廿三	23 廿四
24 廿五	25 廿六	26 廿七	27 廿八	28 廿九	29 三月	30 初二
31 初三						

4月　APRIL

一	二	三	四	五	六	日
	1 初四	2 初五	3 初六	4 清明	5 初八	6 初九
7 初十	8 十一	9 十二	10 十三	11 十四	12 十五	13 十六
14 十七	15 十八	16 十九	17 二十	18 廿一	19 廿二	20 谷雨
21 廿四	22 廿五	23 廿六	24 廿七	25 廿八	26 廿九	27 三十
28 四月	29 初二	30 初三				

5月　MAY

一	二	三	四	五	六	日
			1 劳动节	2 初五	3 初六	4 青年节
5 立夏	6 初九	7 初十	8 十一	9 十二	10 十三	11 母亲节
12 十五	13 十六	14 十七	15 十八	16 十九	17 二十	18 廿一
19 廿二	20 廿三	21 小满	22 廿五	23 廿六	24 廿七	25 廿八
26 廿九	27 五月	28 初二	29 初三	30 初四	31 端午节	

6月　JUNE

一	二	三	四	五	六	日
						1 儿童节
2 初七	3 初八	4 初九	5 芒种	6 十一	7 十二	8 十三
9 十四	10 十五	11 十六	12 十七	13 十八	14 十九	15 父亲节
16 廿一	17 廿二	18 廿三	19 廿四	20 廿五	21 夏至	22 廿七
23 廿八	24 廿九	25 六月	26 初二	27 初三	28 初四	29 初五
30 初六						

7月 JULY

一	二	三	四	五	六	日
	1 建党节	2 初八	3 初九	4 初十	5 十一	6 十二
7 小暑	8 十四	9 十五	10 十六	11 十七	12 十八	13 十九
14 二十	15 廿一	16 廿二	17 廿三	18 廿四	19 廿五	20 廿六
21 廿七	22 大暑	23 廿九	24 三十	25 闰六月	26 初二	27 初三
28 初四	29 初五	30 初六	31 初七			

8月 AUGUST

一	二	三	四	五	六	日
				1 建军节	2 初九	3 初十
4 十一	5 十二	6 十三	7 立秋	8 十五	9 十六	10 十七
11 十八	12 十九	13 二十	14 廿一	15 廿二	16 廿三	17 廿四
18 廿五	19 廿六	20 廿七	21 廿八	22 廿九	23 处暑	24 初二
25 初三	26 初四	27 初五	28 初六	29 七夕节	30 初八	31 初九

9月 SEPTEMBER

一	二	三	四	五	六	日
1 初十	2 十一	3 十二	4 十三	5 十四	6 十五	7 白露
8 十七	9 十八	10 教师节	11 二十	12 廿一	13 廿二	14 廿三
15 廿四	16 廿五	17 廿六	18 廿七	19 廿八	20 廿九	21 三十
22 八月	23 秋分	24 初三	25 初四	26 初五	27 初六	28 初七
29 初八	30 初九					

10月 OCTOBER

一	二	三	四	五	六	日
	1 国庆节	2 十一	3 十二	4 十三	5 十四	
6 中秋节	7 十六	8 寒露	9 十八	10 十九	11 二十	12 廿一
13 廿二	14 廿三	15 廿四	16 廿五	17 廿六	18 廿七	19 廿八
20 廿九	21 九月	22 初二	23 霜降	24 初四	25 初五	26 初六
27 初七	28 初八	29 重阳节	30 初十	31 十一		

11月 NOVEMBER

一	二	三	四	五	六	日
					1 十二	2 十三
3 十四	4 十五	5 十六	6 十七	7 立冬	8 十九	9 二十
10 廿一	11 廿二	12 廿三	13 廿四	14 廿五	15 廿六	16 廿七
17 廿八	18 廿九	19 三十	20 十月	21 初二	22 小雪	23 初四
24 初五	25 初六	26 初七	27 初八	28 初九	29 初十	30 十一

12月 DECEMBER

一	二	三	四	五	六	日
1 十二	2 十三	3 十四	4 十五	5 十六	6 十七	7 大雪
8 十九	9 二十	10 廿一	11 廿二	12 廿三	13 廿四	14 廿五
15 廿六	16 廿七	17 廿八	18 廿九	19 三十	20 十一月	21 冬至
22 初三	23 初四	24 初五	25 初六	26 初七	27 初八	28 初九
29 初十	30 十一	31 十二				

2024 年度计划表

一月	JANUARY	二月	FEBRUARY	三月	MARCH
1	元旦	1	廿二	1	廿一
2	廿一	2	廿三	2	廿二
3	廿二	3	廿四	3	廿三
4	廿三	4	立春	4	廿四
5	廿四	5	廿六	5	惊蛰
6	小寒	6	廿七	6	廿六
7	廿六	7	廿八	7	廿七
8	廿七	8	廿九	8	妇女节
9	廿八	9	除夕	9	廿九
10	廿九	10	春节	10	二月
11	腊月	11	初二	11	初二
12	初二	12	初三	12	植树节
13	初三	13	初四	13	初四
14	初四	14	初五	14	初五
15	初五	15	初六	15	初六
16	初六	16	初七	16	初七
17	初七	17	初八	17	初八
18	腊八节	18	初九	18	初九
19	初九	19	雨水	19	初十
20	大寒	20	十一	20	春分
21	十一	21	十二	21	十二
22	十二	22	十三	22	十三
23	十三	23	十四	23	十四
24	十四	24	元宵节	24	十五
25	十五	25	十六	25	十六
26	十六	26	十七	26	十七
27	十七	27	十八	27	十八
28	十八	28	十九	28	十九
29	十九	29	二十	29	二十
30	二十			30	廿一
31	廿一			31	廿二

Annual schedule

四月	APRIL	五月	MAY	六月	JUNE
1	廿三	1	劳动节	1	儿童节
2	廿四	2	廿四	2	廿六
3	廿五	3	廿五	3	廿七
4	清明	4	青年节	4	廿八
5	廿七	5	立夏	5	芒种
6	廿八	6	廿八	6	五月
7	廿九	7	廿九	7	初二
8	三十	8	四月	8	初三
9	三月	9	初二	9	初四
10	初二	10	初三	10	端午节
11	初三	11	初四	11	初六
12	初四	12	母亲节	12	初七
13	初五	13	初六	13	初八
14	初六	14	初七	14	初九
15	初七	15	初八	15	初十
16	初八	16	初九	16	父亲节
17	初九	17	初十	17	十二
18	初十	18	十一	18	十三
19	谷雨	19	十二	19	十四
20	十二	20	小满	20	十五
21	十三	21	十四	21	夏至
22	十四	22	十五	22	十七
23	十五	23	十六	23	十八
24	十六	24	十七	24	十九
25	十七	25	十八	25	二十
26	十八	26	十九	26	廿一
27	十九	27	二十	27	廿二
28	二十	28	廿一	28	廿三
29	廿一	29	廿二	29	廿四
30	廿二	30	廿三	30	廿五
		31	廿四		

2024 年度计划表

七月	JULY	八月	AUGUST	九月	SEPTEMBER
1	建党节	1	建军节	1	廿九
2	廿七	2	廿八	2	三十
3	廿八	3	廿九	3	八月
4	廿九	4	七月	4	初二
5	三十	5	初二	5	初三
6	小暑	6	初三	6	初四
7	初二	7	立秋	7	白露
8	初三	8	初五	8	初六
9	初四	9	初六	9	初七
10	初五	10	七夕节	10	教师节
11	初六	11	初八	11	初九
12	初七	12	初九	12	初十
13	初八	13	初十	13	十一
14	初九	14	十一	14	十二
15	初十	15	十二	15	十三
16	十一	16	十三	16	十四
17	十二	17	十四	17	中秋节
18	十三	18	十五	18	十六
19	十四	19	十六	19	十七
20	十五	20	十七	20	十八
21	十六	21	十八	21	十九
22	大暑	22	处暑	22	秋分
23	十八	23	二十	23	廿一
24	十九	24	廿一	24	廿二
25	二十	25	廿二	25	廿三
26	廿一	26	廿三	26	廿四
27	廿二	27	廿四	27	廿五
28	廿三	28	廿五	28	廿六
29	廿四	29	廿六	29	廿七
30	廿五	30	廿七	30	廿八
31	廿六	31	廿八		

Annual schedule

十月	OCTOBER	十一月	NOVEMBER	十二月	DECEMBER
1	国庆节	1	十月	1	十一月
2	三十	2	初二	2	初二
3	九月	3	初三	3	初三
4	初二	4	初四	4	初四
5	初三	5	初五	5	初五
6	初四	6	初六	6	大雪
7	初五	7	立冬	7	初七
8	寒露	8	初八	8	初八
9	初七	9	初九	9	初九
10	初八	10	初十	10	初十
11	重阳节	11	十一	11	十一
12	初十	12	十二	12	十二
13	十一	13	十三	13	十三
14	十二	14	十四	14	十四
15	十三	15	十五	15	十五
16	十四	16	十六	16	十六
17	十五	17	十七	17	十七
18	十六	18	十八	18	十八
19	十七	19	十九	19	十九
20	十八	20	二十	20	二十
21	十九	21	廿一	21	冬至
22	二十	22	小雪	22	廿二
23	霜降	23	廿三	23	廿三
24	廿二	24	廿四	24	廿四
25	廿三	25	廿五	25	廿五
26	廿四	26	廿六	26	廿六
27	廿五	27	廿七	27	廿七
28	廿六	28	廿八	28	廿八
29	廿七	29	廿九	29	廿九
30	廿八	30	三十	30	三十
31	廿九			31	腊月

2025 年度计划表

一月	JANUARY	二月	FEBRUARY	三月	MARCH
1	元旦	1	初四	1	初二
2	初三	2	初五	2	初三
3	初四	3	立春	3	初四
4	初五	4	初七	4	初五
5	小寒	5	初八	5	惊蛰
6	初七	6	初九	6	初七
7	腊八节	7	初十	7	初八
8	初九	8	十一	8	妇女节
9	初十	9	十二	9	初十
10	十一	10	十三	10	十一
11	十二	11	十四	11	十二
12	十三	12	元宵节	12	植树节
13	十四	13	十六	13	十四
14	十五	14	十七	14	十五
15	十六	15	十八	15	十六
16	十七	16	十九	16	十七
17	十八	17	二十	17	十八
18	十九	18	雨水	18	十九
19	二十	19	廿二	19	二十
20	大寒	20	廿三	20	春分
21	廿二	21	廿四	21	廿二
22	廿三	22	廿五	22	廿三
23	廿四	23	廿六	23	廿四
24	廿五	24	廿七	24	廿五
25	廿六	25	廿八	25	廿六
26	廿七	26	廿九	26	廿七
27	廿八	27	三十	27	廿八
28	除夕	28	二月	28	廿九
29	春节			29	三月
30	初二			30	初二
31	初三			31	初三

四月	APRIL	五月	MAY	六月	JUNE
1	初四	1	劳动节	1	儿童节
2	初五	2	初五	2	初七
3	初六	3	初六	3	初八
4	清明	4	青年节	4	初九
5	初八	5	立夏	5	芒种
6	初九	6	初九	6	十一
7	初十	7	初十	7	十二
8	十一	8	十一	8	十三
9	十二	9	十二	9	十四
10	十三	10	十三	10	十五
11	十四	11	母亲节	11	十六
12	十五	12	十五	12	十七
13	十六	13	十六	13	十八
14	十七	14	十七	14	十九
15	十八	15	十八	15	父亲节
16	十九	16	十九	16	廿一
17	二十	17	二十	17	廿二
18	廿一	18	廿一	18	廿三
19	廿二	19	廿二	19	廿四
20	谷雨	20	廿三	20	廿五
21	廿四	21	小满	21	夏至
22	廿五	22	廿五	22	廿七
23	廿六	23	廿六	23	廿八
24	廿七	24	廿七	24	廿九
25	廿八	25	廿八	25	六月
26	廿九	26	廿九	26	初二
27	三十	27	五月	27	初三
28	四月	28	初二	28	初四
29	初二	29	初三	29	初五
30	初三	30	初四	30	初六
		31	端午节		

2025 年度计划表

七月	JULY	八月	AUGUST	九月	SEPTEMBER
1	建党节	1	建军节	1	初十
2	初八	2	初九	2	十一
3	初九	3	初十	3	十二
4	初十	4	十一	4	十三
5	十一	5	十二	5	十四
6	十二	6	十三	6	十五
7	小暑	7	立秋	7	白露
8	十四	8	十五	8	十七
9	十五	9	十六	9	十八
10	十六	10	十七	10	教师节
11	十七	11	十八	11	二十
12	十八	12	十九	12	廿一
13	十九	13	二十	13	廿二
14	二十	14	廿一	14	廿三
15	廿一	15	廿二	15	廿四
16	廿二	16	廿三	16	廿五
17	廿三	17	廿四	17	廿六
18	廿四	18	廿五	18	廿七
19	廿五	19	廿六	19	廿八
20	廿六	20	廿七	20	廿九
21	廿七	21	廿八	21	三十
22	大暑	22	廿九	22	八月
23	廿九	23	处暑	23	秋分
24	三十	24	初二	24	初三
25	闰六月	25	初三	25	初四
26	初二	26	初四	26	初五
27	初三	27	初五	27	初六
28	初四	28	初六	28	初七
29	初五	29	七夕节	29	初八
30	初六	30	初八	30	初九
31	初七	31	初九		

十月	OCTOBER	十一月	NOVEMBER	十二月	DECEMBER
1	国庆节	1	十二	1	十二
2	十一	2	十三	2	十三
3	十二	3	十四	3	十四
4	十三	4	十五	4	十五
5	十四	5	十六	5	十六
6	中秋节	6	十七	6	十七
7	十六	7	立冬	7	大雪
8	寒露	8	十九	8	十九
9	十八	9	二十	9	二十
10	十九	10	廿一	10	廿一
11	二十	11	廿二	11	廿二
12	廿一	12	廿三	12	廿三
13	廿二	13	廿四	13	廿四
14	廿三	14	廿五	14	廿五
15	廿四	15	廿六	15	廿六
16	廿五	16	廿七	16	廿七
17	廿六	17	廿八	17	廿八
18	廿七	18	廿九	18	廿九
19	廿八	19	三十	19	三十
20	廿九	20	十月	20	十一月
21	九月	21	初二	21	冬至
22	初二	22	小雪	22	初三
23	霜降	23	初四	23	初四
24	初四	24	初五	24	初五
25	初五	25	初六	25	初六
26	初六	26	初七	26	初七
27	初七	27	初八	27	初八
28	初八	28	初九	28	初九
29	重阳节	29	初十	29	初十
30	初十	30	十一	30	十一
31	十一			31	十二

年度记录
记录那些重要的日子

1 月	Jan

2 月	Feb

5 月	May

6 月	Jun

9 月	Sept

10 月	Oct

3月	Mar

4月	Apr

7月	Jul

8月	Aug

11月	Nov

12月	Dec

一月

生活一半烟火一半诗意

正确入冬的方式，烟火里找答案

一月/JANUARY

一	二	三	四	五	六	日
1 元旦	2 廿一	3 廿二	4 廿三	5 廿四	6 小寒	7 廿六
8 廿七	9 廿八	10 廿九	11 腊月	12 初二	13 初三	14 初四
15 初五	16 初六	17 初七	18 腊八节	19 初九	20 大寒	21 十一
22 十二	23 十三	24 十四	25 十五	26 十六	27 十七	28 十八
29 十九	30 二十	31 廿一				

1月

计划 \ 日期	1	2	3	4	5	6	7	8	9	10	11	12	13

一 MON	二 TUE	三 WED	四 THU
1 元旦	2 廿一	3 廿二	4 廿三
8 廿七	9 廿八	10 廿九	11 腊月
15 初五	16 初六	17 初七	18 腊八节
22 十二	23 十三	24 十四	25 十五
29 十九	30 二十	31 廿一	

January

14	15	16	17	18	19	20	21	22	23	24	25	26	27	28	29	30	31

五 FRI	六 SAT	日 SUN	待办事项 To Do
5 廿四	6 小寒	7 廿六	☐
12 初二	13 初三	14 初四	☐
19 初九	20 大寒	21 十一	☐
26 十六	27 十七	28 十八	☐ ☐

1

星期一
Monday
元旦

2

星期二
Tuesday
廿一

3 **星期三**
Wednesday
廿二

1
月

4 **星期四**
Thursday
廿三

5

星期五
Friday
廿四

6

星期六
Saturday
小寒

7 星期日
Sunday
廿六

8 星期一
Monday
廿七

9

星期二
Tuesday
廿八

10

星期三
Wednesday
廿九

11　星期四
Thursday
腊月

12　星期五
Friday
初二

13 星期六
Saturday
初三

14 星期日
Sunday
初四

15

星期一
Monday
初五

16

星期二
Tuesday
初六

17 星期三
Wednesday
初七

18 星期四
Thursday
腊八节

19 星期五
Friday
初九

20 星期六
Saturday
大寒

21

星期日
Sunday
十一

22

星期一
Monday
十二

23

星期二
Tuesday
十三

24

星期三
Wednesday
十四

25

星期四
Thursday
十五

26

星期五
Friday
十六

27 星期六
Saturday
十七

28 星期日
Sunday
十八

29

星期一
Monday
十九

30

星期二
Tuesday
二十

31

星期三
Monday
廿一

本月总结 SUMMARY

二月

新年老味道，味道可以延续

记忆就会一直都在

二月/FEBRUARY

一	二	三	四	五	六	日
			1 廿二	2 廿三	3 廿四	4 立春
5 廿六	6 廿七	7 廿八	8 廿九	9 除夕	10 春节	11 初二
12 初三	13 初四	14 初五	15 初六	16 初七	17 初八	18 初九
19 雨水	20 十一	21 十二	22 十三	23 十四	24 元宵节	25 十六
26 十七	27 十八	28 十九	29 二十			

2月

计划 日期	1	2	3	4	5	6	7	8	9	10	11	12	13

一 MON	二 TUE	三 WED	四 THU
			1 廿二
5 廿六	6 廿七	7 廿八	8 廿九
12 初三	13 初四	14 初五	15 初六
19 雨水	20 十一	21 十二	22 十三
26 十七	27 十八	28 十九	29 二十

February

14	15	16	17	18	19	20	21	22	23	24	25	26	27	28	29		

五 FRI	六 SAT	日 SUN	待办事项 To Do
2 廿三	3 廿四	4 立春	☐
9 除夕	10 春节	11 初二	☐
16 初七	17 初八	18 初九	☐
23 十四	24 元宵节	25 十六	☐
			☐

1 星期四
Thursday
廿二

2 星期五
Friday
廿三

3

星期六
Saturday
廿四

4

星期日
Sunday
立春

5
星期一
Monday
廿六

6
星期二
Tuesday
廿七

7

星期三
Wednesday
廿八

8

星期四
Thursday
廿九

9

星期五
Friday
除夕

10

星期六
Saturday
春节

11 星期日
Sunday
初二

12 星期一
Monday
初三

13 星期二
Tuesday
初四

14 星期三
Wednesday
初五

15 星期四
Thursday
初六

2
月

16 星期五
Friday
初七

17 星期六
Saturday
初八

18 星期日
Sunday
初九

19

星期一
Monday
雨水

20

星期二
Tuesday
十一

21

星期三
Wednesday
十二

22

星期四
Thursday
十三

23

星期五
Friday
十四

24

星期六
Saturday
元宵节

25 星期日
Sunday
十六

26 星期一
Monday
十七

27

星期二
Tuesday
十八

28

星期三
Wednesday
十九

29

星期四
Thursday
二十

本月总结 SUMMARY

不时不食，感四时节气，品四时滋味。

三月

惊蛰+春分　春食春味

穿越四季
无法抗拒的还是春的味道

三月/ MARCH

一	二	三	四	五	六	日
				1 廿一	**2** 廿二	**3** 廿三
4 廿四	**5** 惊蛰	**6** 廿六	**7** 廿七	**8** 妇女节	**9** 廿九	**10** 二月
11 初二	**12** 植树节	**13** 初四	**14** 初五	**15** 初六	**16** 初七	**17** 初八
18 初九	**19** 初十	**20** 春分	**21** 十二	**22** 十三	**23** 十四	**24** 十五
25 十六	**26** 十七	**27** 十八	**28** 十九	**29** 二十	**30** 廿一	**31** 廿二

3月

计划 \ 日期	1	2	3	4	5	6	7	8	9	10	11	12	13

一 MON	二 TUE	三 WED	四 THU
4 廿四	5 惊蛰	6 廿六	7 廿七
11 初二	12 植树节	13 初四	14 初五
18 初九	19 初十	20 春分	21 十二
25 十六	26 十七	27 十八	28 十九

14	15	16	17	18	19	20	21	22	23	24	25	26	27	28	29	30	31
																	.

五 FRI	六 SAT	日 SUN	待办事项 To Do
1 廿一	2 廿二	3 廿三	☐
8 妇女节	9 廿九	10 二月	☐
15 初六	16 初七	17 初八	☐
22 十三	23 十四	24 十五	☐
29 二十	30 廿一	31 廿二	☐

1 星期五
Friday
廿一

2 星期六
Saturday
廿二

3 星期日
Sunday
廿三

4 星期一
Monday
廿四

5　星期二
Tuesday
惊蛰

6　星期三
Wednesday
廿六

7

星期四
Thursday
廿七

8

星期五
Friday
妇女节

9 星期六
Saturday
廿九

10 星期日
Sunday
二月

11 星期一
Monday
初二

12 星期二
Tuesday
植树节

13 星期三
Wednesday
初四

14 星期四
Thursday
初五

15

星期五
Friday
初六

16

星期六
Saturday
初七

17 星期日
Sunday
初八

18 星期一
Monday
初九

19

星期二
Tuesday
初十

20

星期三
Wednesday
春分

21 星期四
Thursday
十二

22 星期五
Friday
十三

23 星期六
Saturday
十四

24 星期日
Sunday
十五

25 星期一
Monday
十六

26 星期二
Tuesday
十七

27 星期三
Wednesday
十八

3
月

28 星期四
Thursday
十九

29　星期五
Friday
二十

30　星期六
Saturday
廿一

31 星期日
Sunday
廿二

月

本月总结 SUMMARY

四月

清明 + 谷雨

且惜春风好，嚼几口春色
把春天吃进肚子里

四月 / APRIL

一	二	三	四	五	六	日
1 廿三	2 廿四	3 廿五	4 清明	5 廿七	6 廿八	7 廿九
8 三十	9 三月	10 初二	11 初三	12 初四	13 初五	14 初六
15 初七	16 初八	17 初九	18 初十	19 谷雨	20 十二	21 十三
22 十四	23 十五	24 十六	25 十七	26 十八	27 十九	28 二十
29 廿一	30 廿二					

4月

计划 \ 日期	1	2	3	4	5	6	7	8	9	10	11	12	13

一 MON	二 TUE	三 WED	四 THU
1 廿三	2 廿四	3 廿五	4 清明
8 三十	9 三月	10 初二	11 初三
15 初七	16 初八	17 初九	18 初十
22 十四	23 十五	24 十六	25 十七
29 廿一	30 廿二		

14	15	16	17	18	19	20	21	22	23	24	25	26	27	28	29	30	

五 FRI	六 SAT	日 SUN	待办事项 To Do
5 廿七	6 廿八	7 廿九	☐
12 初四	13 初五	14 初六	☐ ☐
19 谷雨	20 十二	21 十三	☐
26 十八	27 十九	28 二十	☐ ☐

1
星期一
Monday
廿三

2
星期二
Tuesday
廿四

3 星期三
Wednesday
廿五

4 星期四
Thursday
清明

5

星期五
Friday
廿七

4
月

6

星期六
Saturday
廿八

7 星期日
Sunday
廿九

8 星期一
Monday
三十

9

星期二
Tuesday
三月

10

星期三
Wednesday
初二

11 星期四
Thursday
初三

12 星期五
Friday
初四

13
星期六
Saturday
初五

14
星期日
Sunday
初六

15

星期一
Monday
初七

4
月

16

星期二
Tuesday
初八

17 星期三
Wednesday
初九

4
月

18 星期四
Thursday
初十

19 星期五
Friday
谷雨

20 星期六
Saturday
十二

21 **星期日**
Sunday
十三

22 **星期一**
Monday
十四

23 星期二
Tuesday
十五

24 星期三
Wednesday
十六

25

星期四
Thursday
十七

4
月

26

星期五
Friday
十八

27
星期六
Saturday
十九

28
星期日
Sunday
二十

29 星期一
Monday
廿一

30 星期二
Tuesday
廿二

顺时而为，饮食有节，起居有常。

五月

立夏 + 小满

时至立夏，万物繁茂
食之以趣，不时不食

五月 / MAY

一	二	三	四	五	六	日
		1 劳动节	2 廿四	3 廿五	4 青年节	5 立夏
6 廿八	7 廿九	8 四月	9 初二	10 初三	11 初四	12 母亲节
13 初六	14 初七	15 初八	16 初九	17 初十	18 十一	19 十二
20 小满	21 十四	22 十五	23 十六	24 十七	25 十八	26 十九
27 二十	28 廿一	29 廿二	30 廿三	31 廿四		

5月

计划 \ 日期	1	2	3	4	5	6	7	8	9	10	11	12	13

一 MON	二 TUE	三 WED	四 THU
		1 劳动节	2 廿四
6 廿八	7 廿九	8 四月	9 初二
13 初六	14 初七	15 初八	16 初九
20 小满	21 十四	22 十五	23 十六
27 二十	28 廿一	29 廿二	30 廿三

May

14	15	16	17	18	19	20	21	22	23	24	25	26	27	28	29	30	31

五 FRI	六 SAT	日 SUN	待办事项 To Do
3 廿五	4 青年节	5 立夏	☐
10 初三	11 初四	12 母亲节	☐
17 初十	18 十一	19 十二	☐
24 十七	25 十八	26 十九	☐
31 廿四			☐

1 星期三
Wednesday
劳动节

5
月

2 星期四
Thursday
廿四

3

星期五
Friday
廿五

4

星期六
Saturday
青年节

5　星期日
Sunday
立夏

5
月

6　星期一
Monday
廿八

7

星期二
Tuesday
廿九

8

星期三
Wednesday
四月

9
星期四
Thursday
初二

5
月

10
星期五
Friday
初三

11 星期六
Saturday
初四

5
月

12 星期日
Sunday
母亲节

13

星期一
Monday
初六

14

星期二
Tuesday
初七

15 星期三
Wednesday
初八

16 星期四
Thursday
初九

17 星期五
Friday
初十

18 星期六
Saturday
十一

19

星期日
Sunday
十二

20

星期一
Monday
小满

21
星期二
Tuesday
十四

22
星期三
Wednesday
十五

23 星期四
Thursday
十六

24 星期五
Friday
十七

25

星期六
Saturday
十八

26

星期日
Sunday
十九

27 星期一
Monday
二十

28 星期二
Tuesday
廿一

29 星期三
Wednesday
廿二

5
月

30 星期四
Thursday
廿三

31 星期五
Friday
廿四

本月总结 SUMMARY

六月

芒种 + 夏至　赏味夏日

初夏的味道，嘴角有荔枝的香甜
一半入诗，一半入菜，浓浓淡淡，清清爽爽

六月/JUNE

一	二	三	四	五	六	日
					1 儿童节	2 廿六
3 廿七	4 廿八	5 芒种	6 五月	7 初二	8 初三	9 初四
10 端午节	11 初六	12 初七	13 初八	14 初九	15 初十	16 父亲节
17 十二	18 十三	19 十四	20 十五	21 夏至	22 十七	23 十八
24 十九	25 二十	26 廿一	27 廿二	28 廿三	29 廿四	30 廿五

6月

计划 日期	1	2	3	4	5	6	7	8	9	10	11	12	13

一 MON	二 TUE	三 WED	四 THU
3 廿七	4 廿八	5 芒种	6 五月
10 端午节	11 初六	12 初七	13 初八
17 十二	18 十三	19 十四	20 十五
24 十九	25 二十	26 廿一	27 廿二

June

14	15	16	17	18	19	20	21	22	23	24	25	26	27	28	29	30	

五 FRI	六 SAT	日 SUN	待办事项 To Do
	1 儿童节	2 廿六	☐
7 初二	8 初三	9 初四	☐
14 初九	15 初十	16 父亲节	☐
21 夏至	22 廿七	23 廿八	☐ ☐
28 廿三	29 廿四	30 廿五	

1
星期六
Saturday
儿童节

2
星期日
Sunday
廿六

3
星期一
Monday
廿七

4
星期二
Tuesday
廿八

5
星期三
Wednesday
芒种

6
星期四
Thursday
五月

7

星期五
Friday
初二

8

星期六
Saturday
初三

9 星期日
Sunday
初四

6
月

10 星期一
Monday
端午节

11 星期二
Tuesday
初六

12 星期三
Wednesday
初七

13 星期四
Thursday
初八

---

14 星期五
Friday
初九

---

15 星期六
Saturday
初十

16 星期日
Sunday
父亲节

17 星期一
Monday
十二

18 星期二
Tuesday
十三

19 星期三
Wednesday
十四

6
月

20 星期四
Thursday
十五

21 **星期五**
Friday
夏至

22 **星期六**
Saturday
十七

23 星期日
Sunday
十八

6
月

24 星期一
Monday
十九

25 星期二
Tuesday
二十

26 星期三
Wednesday
廿一

27 星期四
Thursday
廿二

28 星期五
Friday
廿三

29 星期六
Saturday
廿四

30 星期日
Sunday
廿五

慢煮风花，细炖岁月。人间烟火气，最抚凡人心。

七月

悠悠夏日，择时而食

鸟语蝉鸣，邂逅仲夏

七月/JULY

一	二	三	四	五	六	日
1 建党节	**2** 廿七	**3** 廿八	**4** 廿九	**5** 三十	**6** 小暑	**7** 初二
8 初三	**9** 初四	**10** 初五	**11** 初六	**12** 初七	**13** 初八	**14** 初九
15 初十	**16** 十一	**17** 十二	**18** 十三	**19** 十四	**20** 十五	**21** 十六
22 大暑	**23** 十八	**24** 十九	**25** 二十	**26** 廿一	**27** 廿二	**28** 廿三
29 廿四	**30** 廿五	**31** 廿六				

7月

计划 \ 日期	1	2	3	4	5	6	7	8	9	10	11	12	13

一 MON	二 TUE	三 WED	四 THU
1 建党节	2 廿七	3 廿八	4 廿九
8 初三	9 初四	10 初五	11 初六
15 初十	16 十一	17 十二	18 十三
22 大暑	23 十八	24 十九	25 二十
29 廿四	30 廿五	31 廿六	

14	15	16	17	18	19	20	21	22	23	24	25	26	27	28	29	30	31

五 FRI	六 SAT	日 SUN	待办事项 To Do
5 三十	6 小暑	7 初二	☐
12 初七	13 初八	14 初九	☐
19 十四	20 十五	21 十六	☐
26 廿一	27 廿二	28 廿三	☐

1 星期一
Monday
建党节

---

2 星期二
Tuesday
廿七

3

星期三
Wednesday
廿八

4

星期四
Thursday
廿九

5

星期五
Friday
三十

6

7月

星期六
Saturday
小暑

7

星期日
Sunday
初二

8

星期一
Monday
初三

9
星期二
Tuesday
初四

10
星期三
Wednesday
初五

11 星期四
Thursday
初六

12 星期五
Friday
初七

13 星期六
Saturday
初八

14 星期日
Sunday
初九

15 星期一
Monday
初十

---

16 星期二
Tuesday
十一

17 星期三
Wednesday
十二

18 星期四
Thursday
十三

19 星期五
Friday
十四

20 星期六
Saturday
十五

21 星期日
Sunday
十六

22 星期一
Monday
大暑

23

星期二
Tuesday
十八

24

星期三
Wednesday
十九

25 星期四
Thursday
二十

26 星期五
Friday
廿一

27 星期六
Saturday
廿二

28 星期日
Sunday
廿三

29 星期一
Monday
廿四

---

30 星期二
Tuesday
廿五

31

星期三
Wednesday
廿六

本月总结 SUMMARY

八月

辞夏入秋，以温暖的靓汤

滋补润燥且暖心

八月/AUGUST

一	二	三	四	五	六	日
			1 建军节	2 廿八	3 廿九	4 七月
5 初二	6 初三	7 立秋	8 初五	9 初六	10 七夕节	11 初八
12 初九	13 初十	14 十一	15 十二	16 十三	17 十四	18 十五
19 十六	20 十七	21 十八	22 处暑	23 二十	24 廿一	25 廿二
26 廿三	27 廿四	28 廿五	29 廿六	30 廿七	31 廿八	

8月

计划 / 日期	1	2	3	4	5	6	7	8	9	10	11	12	13

一 MON	二 TUE	三 WED	四 THU
			1 建军节
5 初二	6 初三	7 立秋	8 初五
12 初九	13 初十	14 十一	15 十二
19 十六	20 十七	21 十八	22 处暑
26 廿三	27 廿四	28 廿五	29 廿六

August

14	15	16	17	18	19	20	21	22	23	24	25	26	27	28	29	30	31

五 FRI	六 SAT	日 SUN	待办事项 To Do
2 廿八	3 廿九	4 七月	☐
9 初六	10 七夕节	11 初八	☐
16 十三	17 十四	18 十五	☐
23 二十	24 廿一	25 廿二	☐
30 廿七	31 廿八		☐

1 星期四
Thursday
建军节

2 星期五
Friday
廿八

8月

3
星期六
Saturday
廿九

4
星期日
Sunday
七月

5 星期一
Monday
初二

6 星期二
Tuesday
初三

7

星期三
Wednesday
立秋

8

星期四
Thursday
初五

9

星期五
Friday
初六

10

星期六
Saturday
七夕节

11 星期日
Sunday
初八

12 星期一
Monday
初九

13 星期二
Tuesday
初十

14 星期三
Wednesday
十一

15 星期四
Thursday
十二

16 星期五
Friday
十三

17 星期六
Saturday
十四

18 星期日
Sunday
十五

19

星期一
Monday
十六

20

星期二
Tuesday
十七

8
月

21 星期三
Wednesday
十八

22 星期四
Thursday
处暑

8
月

23

星期五
Friday
二十

24

星期六
Saturday
廿一

25 星期日
Sunday
廿二

26 星期一
Monday
廿三

27 星期二
Tuesday
廿四

28 星期三
Wednesday
廿五

29

星期四
Thursday
廿六

30

星期五
Friday
廿七

8
月

31

星期六
Saturday
廿八

本月总结 SUMMARY

九月

风清露冷秋期半，人间处处丰收忙

三秋桂子落，赏月嚼月，都是乐事

九月/SEPTEMBER

一	二	三	四	五	六	日
						1 廿九
2 三十	3 八月	4 初二	5 初三	6 初四	7 白露	8 初六
9 初七	10 教师节	11 初九	12 初十	13 十一	14 十二	15 十三
16 十四	17 中秋节	18 十六	19 十七	20 十八	21 十九	22 秋分
23 廿一	24 廿二	25 廿三	26 廿四	27 廿五	28 廿六	29 廿七
30 廿八						

9月

计划 \ 日期	1	2	3	4	5	6	7	8	9	10	11	12	13

一 MON	二 TUE	三 WED	四 THU
2 三十	3 八月	4 初二	5 初三
9 初七	10 教师节	11 初九	12 初十
16 十四	17 中秋节	18 十六	19 十七
23 廿一 30 廿八	24 廿二	25 廿三	26 廿四

14	15	16	17	18	19	20	21	22	23	24	25	26	27	28	29	30	

五 FRI	六 SAT	日 SUN	待办事项 To Do
		1 廿九	☐
6 初四	7 白露	8 初六	☐ ☐
13 十一	14 十二	15 十三	☐
20 十八	21 十九	22 秋分	☐ ☐
27 廿五	28 廿六	29 廿七	

1

星期日
Sunday
廿九

2

星期一
Monday
三十

3
星期二
Tuesday
八月

4
星期三
Wednesday
初二

5
星期四
Thursday
初三

6
星期五
Friday
初四

7

星期六
Saturday
白露

8

星期日
Sunday
初六

9
月

9

星期一
Monday
初七

10

星期二
Tuesday
教师节

11

星期三
Wednesday
初九

12

星期四
Thursday
初十

13 星期五
Friday
十一

14 星期六
Saturday
十二

15 星期日
Sunday
十三

16 星期一
Monday
十四

17 星期二
Tuesday
中秋节

18 星期三
Wednesday
十六

19 星期四
Thursday
十七

20 星期五
Friday
十八

21

星期六
Saturday
十九

22

星期日
Sunday
秋分

23

星期一
Monday
廿一

24

星期二
Tuesday
廿二

25 星期三
Wednesday
廿三

26 星期四
Thursday
廿四

9
月

27 星期五
Friday
廿五

28 星期六
Saturday
廿六

29

星期日
Sunday
廿七

30

星期一
Monday
廿八

美食与快乐同在，让生活成为生活，而不是生存。

十月

寒露＋霜降

寒露微凉，茶暖柿甜
秋日里的小确幸

十月/OCTOBER

一	二	三	四	五	六	日
	1 国庆节	2 三十	3 九月	4 初二	5 初三	6 初四
7 初五	8 寒露	9 初七	10 初八	11 重阳节	12 初十	13 十一
14 十二	15 十三	16 十四	17 十五	18 十六	19 十七	20 十八
21 十九	22 二十	23 霜降	24 廿二	25 廿三	26 廿四	27 廿五
28 廿六	29 廿七	30 廿八	31 廿九			

10月

计划 \ 日期	1	2	3	4	5	6	7	8	9	10	11	12	13

一 MON	二 TUE	三 WED	四 THU
	1 国庆节	2 三十	3 九月
7 初五	8 寒露	9 初七	10 初八
14 十二	15 十三	16 十四	17 十五
21 十九	22 二十	23 霜降	24 廿二
28 廿六	29 廿七	30 廿八	31 廿九

14	15	16	17	18	19	20	21	22	23	24	25	26	27	28	29	30	31

五 FRI	六 SAT	日 SUN	待办事项 To Do
4 初二	5 初三	6 初四	☐
11 重阳节	12 初十	13 十一	☐
18 十六	19 十七	20 十八	☐
25 廿三	26 廿四	27 廿五	☐
			☐

1
星期二
Tuesday
国庆节

2
星期三
Wednesday
三十

10
月

3

星期四
Thursday
九月

4

星期五
Friday
初二

5 星期六
Saturday
初三

6 星期日
Sunday
初四

7

星期一
Monday
初五

8

星期二
Tuesday
寒露

9

星期三
Wednesday
初七

10

星期四
Thursday
初八

11 星期五
Friday
重阳节

12 星期六
Saturday
初十

10
月

13 星期日
Sunday
十一

14 星期一
Monday
十二

15 星期二
Tuesday
十三

16 星期三
Wednesday
十四

17 星期四
Thursday
十五

18 星期五
Friday
十六

19

星期六
Saturday
十七

20

星期日
Sunday
十八

21

星期一
Monday
十九

22

星期二
Tuesday
二十

10
月

23

星期三
Wednesday
霜降

24

星期四
Thursday
廿二

25 星期五
Friday
廿三

---

26 星期六
Saturday
廿四

10
月

27 星期日
Sunday
廿五

28 星期一
Monday
廿六

29 星期二
Tuesday
廿七

30 星期三
Wednesday
廿八

31

星期四
Thursday
廿九

十一月

立冬 + 小雪

至味传承，立冬煮饺
愿冬日有温暖陪伴

十一月/NOVEMBER

一	二	三	四	五	六	日
				1 十月	2 初二	3 初三
4 初四	5 初五	6 初六	7 立冬	8 初八	9 初九	10 初十
11 十一	12 十二	13 十三	14 十四	15 十五	16 十六	17 十七
18 十八	19 十九	20 二十	21 廿一	22 小雪	23 廿三	24 廿四
25 廿五	26 廿六	27 廿七	28 廿八	29 廿九	30 三十	

11 月

计划＼日期	1	2	3	4	5	6	7	8	9	10	11	12	13

一 MON	二 TUE	三 WED	四 THU
4 初四	5 初五	6 初六	7 立冬
11 十一	12 十二	13 十三	14 十四
18 十八	19 十九	20 二十	21 廿一
25 廿五	26 廿六	27 廿七	28 廿八

14	15	16	17	18	19	20	21	22	23	24	25	26	27	28	29	30	

五 FRI	六 SAT	日 SUN	待办事项 To Do
			☐
1 十月	2 初二	3 初三	
			☐
8 初八	9 初九	10 初十	☐
			☐
15 十五	16 十六	17 十七	
			☐
22 小雪	23 廿三	24 廿四	☐
29 廿九	30 三十		

1
星期五
Friday
十月

2
星期六
Saturday
初二

3 星期日
Sunday
初三

---

4 星期一
Monday
初四

5 星期二
Tuesday
初五

6 星期三
Wednesday
初六

7

星期四
Thursday
立冬

8

星期五
Friday
初八

9 星期六
Saturday
初九

10 星期日
Sunday
初十

11

星期一
Monday
十一

12

星期二
Tuesday
十二

11
月

13 星期三
Wednesday
十三

14 星期四
Thursday
十四

15 星期五
Friday
十五

16 星期六
Saturday
十六

17 星期日
Sunday
十七

18 星期一
Monday
十八

19

星期二
Tuesday
十九

20

星期三
Wednesday
二十

21 星期四
Thursday
廿一

22 星期五
Friday
小雪

23
星期六
Saturday
廿三

24
星期日
Sunday
廿四

11
月

25 星期一
Monday
廿五

26 星期二
Tuesday
廿六

11
月

27
星期三
Wednesday
廿七

28
星期四
Thursday
廿八

29

星期五
Friday
廿九

30

星期六
Saturday
三十

很多时候，爱，通过食物来表达，最为直接和有力。

十二月

深冬已至，大雪围炉
冬至大如年，人间小团圆

十二月/DECEMBER

一	二	三	四	五	六	日
						1 十一月
2 初二	3 初三	4 初四	5 初五	6 大雪	7 初七	8 初八
9 初九	10 初十	11 十一	12 十二	13 十三	14 十四	15 十五
16 十六	17 十七	18 十八	19 十九	20 二十	21 冬至	22 廿二
23 廿三	24 廿四	25 廿五	26 廿六	27 廿七	28 廿八	29 廿九
30 三十	31 腊月					

12月

计划 \ 日期	1	2	3	4	5	6	7	8	9	10	11	12	13

一 MON	二 TUE	三 WED	四 THU
2 初二	3 初三	4 初四	5 初五
9 初九	10 初十	11 十一	12 十二
16 十六	17 十七	18 十八	19 十九
23 廿三 / 30 三十	24 廿四 / 31 腊月	25 廿五	26 廿六

14	15	16	17	18	19	20	21	22	23	24	25	26	27	28	29	30	31

五 FRI	六 SAT	日 SUN	待办事项 To Do
		1 十一月	☐
6 大雪	7 初七	8 初八	☐
			☐
13 十三	14 十四	15 十五	☐
			☐
20 二十	21 冬至	22 廿二	☐
27 廿七	28 廿八	29 廿九	

1 星期日
Sunday
十一月

2 星期一
Monday
初二

3
星期二
Tuesday
初三

4
星期三
Wednesday
初四

5
星期四
Thursday
初五

6
星期五
Friday
大雪

7

星期六
Saturday
初七

8

星期日
Sunday
初八

12
月

9

星期一
Monday
初九

10

星期二
Tuesday
初十

11 星期三
Wednesday
十一

12 星期四
Thursday
十二

13 星期五
Friday
十三

14 星期六
Saturday
十四

15 星期日
Sunday
十五

----

16 星期一
Monday
十六

17

星期二
Tuesday
十七

18

星期三
Wednesday
十八

19 星期四
Thursday
十九

20 星期五
Friday
二十

21 星期六
Saturday
冬至

22 星期日
Sunday
廿二

23

星期一
Monday
廿三

24

星期二
Tuesday
廿四

12
月

25
星期三
Wednesday
廿五

26
星期四
Thursday
廿六

27 星期五
Friday
廿七

28 星期六
Saturday
廿八

29 星期日
Sunday
廿九

30 星期一
Monday
三十

31

星期二
Tuesday
腊月

年度回顾

私人年度书单:

关于收获:

关于缺憾:

关于感悟:

关于期许:

年度总结

四季更替，又是一年回首，感恩所有的遇见。

凡是过往，皆为序章
凡是未来，皆有可期

图书在版编目（CIP）数据

效率手册 . 美食 / 靳一石编著 . —北京：金盾出版社，2023.10
ISBN 978-7-5186-1671-8

Ⅰ . ①效… Ⅱ . ①靳… Ⅲ . ①本册 Ⅳ . ① TS951.5

中国国家版本馆 CIP 数据核字（2023）第 196070 号

效率手册 · 美食

靳一石 编著

出版发行：金盾出版社	开 本：880mm×1230mm 1/32
地 址：北京市丰台区晓月中路 29 号	印 张：8.5
邮政编码：100165	字 数：200 千字
电 话：（010）68176636 68214039	版 次：2023 年 10 月第 1 版
传 真：（010）68276683	印 次：2023 年 10 月第 1 次印刷
印刷装订：北京鑫益晖印刷有限公司	印 数：3000 册
经 销：新华书店	定 价：56.80 元

在感受，在记录，在珍惜